七个世界 一个星球

SEVEN WORLDS ONE PLANET

展现七大洲生动的生命图景

亚 洲

[英] 丽莎·里根/文　孙晓颖/译

科学普及出版社
·北 京·

壮阔之景

亚洲横跨 11 个时区,在七大洲中面积最大,人口也远超其他大洲。然而,亚洲的很多地区地处偏远,不适宜人类居住。因此,人们大多生活在大型城镇里,广袤的荒野则成了动物的栖身之所。

● **亚洲国家总数:** 46 个　● **人口最多的国家:** 中国　● **面积最大的国家:** 中国

- 亚洲和欧洲被乌拉尔山脉、乌拉尔河、里海、大高加索山脉、黑海海峡、博斯普鲁斯海峡、马尔马拉海和达达尼尔海峡分隔开来。

- 俄罗斯的贝加尔湖是世界上最深、最古老的湖泊，有着长达 2 500 万年的历史。

- 亚洲拥有世界最高峰: 喜马拉雅山脉上的珠穆朗玛峰。

- 亚洲占世界陆地总面积的大约 30%，拥有世界总人口的大约 60%。

- 世界上人口最多的两个国家——中国和印度，都在亚洲。

- 喜马拉雅山脉是印度次大陆板块向北挤压亚欧大陆板块而形成的。如今，板块运动仍在继续，喜马拉雅山脉的高度正以每年超过 1 厘米的速度增加。

地动山摇

亚洲部分地区位于被称为"火环"的环太平洋火山带上。日本、印度尼西亚和菲律宾等国由于地处板块交界处，因此经常遭遇地震和火山爆发。

亚洲概览

亚洲地域极其辽阔，有各种各样的栖息地和气候类型。北部高纬度地区冰冷的海洋是北极熊和海象的家园。最南端则是热带气候，气旋（热带风暴）、海啸和季风雨频发。而南北之间有森林，有沙漠，也有高山。

伊朗的卢特沙漠的地表温度可以达到：80.8 摄氏度。

印度孙德尔本斯国家公园的红树林是孟加拉虎的家园。

南亚地区拥有美丽的海岸线和珊瑚礁。

荒凉之地

在世界十大沙漠中，有四个位于亚洲。俄罗斯境内的北极地区是广阔的冰层和冻原。阿拉伯大沙漠占据了西亚的大片区域，包括伊拉克、科威特和沙特阿拉伯。跨越中国和蒙古的戈壁沙漠是一片寒冷的岩漠。叙利亚沙漠横跨亚洲西南部的叙利亚、伊拉克、约旦和沙特阿拉伯。

你知道吗？

● 1927 年，日本伊吹山的降雪厚度达到创纪录的 11.82 米。

● 世界上最潮湿的地方在亚洲。印度毛辛拉姆村的年平均降雨量达 11 871 毫米。

● 世界上有人类居住的最寒冷的城镇是奥伊米亚康，位于俄罗斯的西伯利亚地区，曾有过零下 71 摄氏度的气温记录。

朝天鼻！

这种独特的川金丝猴仅在中国中部地区积雪覆盖的山脉上和森林里能够见到。川金丝猴非常适应寒冷的环境。它们以家族为单位聚居，家族成员关系亲密，在夜里睡觉的时候会抱团取暖。

雄性川金丝猴的犬齿很大，可以用来与对手搏斗。

川金丝猴为什么长这样？

川金丝猴的鼻子没有硬骨也没有软骨。科学家认为这可能会在极寒天气里帮助它们避免冻伤鼻子。不过，这种观点尚未得到确证。

它们生活在树上吗？

这些猴子在几乎所有的时间里都是在树上度过的。它们四处寻找食物，常会在中午时分停下来打个盹儿。

它们生活的地方有多冷？

冬季山区的温度能降至零下 8.3 摄氏度。猴群要在冰天雪地中熬四五个月。即便是一只成年的猴子，如果离群索居，也会被冻死在寒冷的冬天。

多少只川金丝猴群居在一起？

每个猴群中有一只公猴和几只母猴，还有它们的孩子们。夏季，食物丰富，多个猴群汇集起来，有时可能会有多达 200 只猴子聚在一起。

川金丝猴

学名：*Rhinopithecus roxellana*

分布：中国中部和西南地区，包括神农架国家公园

食物：苔藓、树皮、树枝、浆果，有时也吃昆虫

天敌：金雕、苍鹰、鼬、狼、豺、豹子、亚洲金猫

来自人类的威胁：栖息地丧失（采伐）

受胁等级 *：濒危

特征：这些猴子的毛皮是金橙色的，局部有较深的斑纹。幼崽的毛皮呈奶油色。成年川金丝猴的脸是淡蓝色的，有独特的扁平鼻子、大鼻孔和大嘴。它们不用动嘴就能大声叫喊，并且发出吱吱声、呜咽声、尖叫声来彼此交流。它们相互梳理毛发，以此建立纽带。

* 关于受胁等级的说明，请参阅第 45 页。

取暖

川金丝猴比地球上任何其他种类的猴子都更耐寒。

它们挤在一起抱团取暖，抵御严寒。

幼崽们待在中间最暖和的地方。

扫码看视频

川金丝猴属于体形相当大的猴子。比起小型动物，大型动物更容易储存热量。

为生存而战

隆冬时节，动物寻找食物极其困难。猴群首领会带领整个猴群一起觅食。当它们遇到另一个饥饿的猴群时，公猴们会为了给整个猴群争取最好的觅食地点而战斗。

正面交锋

起初，领头的公猴相互龇牙、对视。随后，母猴们也加入战斗。这场打斗可能会非常激烈。最终，抢得先机的猴群吓退了试图入侵的猴群。在落败的猴群中，首领最后一个撤离。

美味佳肴

猴群会寻觅地衣、苔藓，甚至树皮。这些食物虽然没什么营养，但依然珍贵。赶走入侵者之后，猴群就可以一起分享这些食物了。

川金丝猴在地面上的时候，通常会直立行走，并且挥动双臂。

新成员

还有其他种类的金丝猴生活在亚洲的不同地区，缅甸金丝猴是最新发现的一种灵长目动物。

高地生活

黑白相间的滇金丝猴生活在长江和澜沧江之间的高山林地里。除了人类，它们是栖息地海拔最高的灵长目动物。

快看我！

华丽扇喉蜥仅存在于亚洲。它们生活在炎热干旱的地区，正午的热浪烫得它们蹦来跳去。它们用后腿全速冲刺，试图逃离灼热的地面。雄性华丽扇喉蜥的喉部有一片喉褶，是用来在繁殖季节吸引雌性的法宝。

即便一块小小的石头，也可以帮助这些小东西吸引雌性的注意。

华丽扇喉蜥

学名：*Sarada superba*

分布：南亚，主要是印度

寿命：1 年左右

受胁等级：无危

什么是喉褶？

喉褶是一片松弛的皮肤，可以像扇子一样展开，从而向雌性炫耀。喉褶的颜色越鲜亮，表示它们的健康状况越良好。

它们为什么摇晃脑袋？

有些华丽扇喉蜥左右摇头，有些则上下晃动身体，这可以帮助它们发出寻找配偶的信号。

它们有多大？

它们的体形一点儿也不大！仅仅 7 厘米左右——小到可以放在你的手掌上。

华丽扇喉蜥……
警戒！

扫码看视频

1 一只雄性华丽扇喉蜥尽其
所能想吸引雌性的目光。
爬上石头是个好主意。

2 站在石头上，它展开了自
己鲜艳的喉褶。哇！

3 啊哦！可惜它没能吸引到雌性，倒是让
另外一只雄性华丽扇喉蜥也看中了这块
石头……

4 打斗中，石头被丢在一旁。哎哟！脖子
上这一口咬得可真不轻！

蜥蜴图鉴

南亚的华丽扇喉蜥为争夺领地而战，而在亚洲大陆的其他地区还生活着很多其他种类的蜥蜴。蜥蜴都有一些共同的特征：四条强壮的腿，一条长尾巴，还有随着成长而脱落的鳞状皮肤。它们的体形差异很大，既有小巧的扇喉蜥，也有巨大的科莫多巨蜥。

飞蜥

这种小蜥蜴身体两侧长着可折叠的翼膜，类似于翅膀，可以帮助它们在树丛里滑翔。

英雄蜥

和印度的华丽扇喉蜥类似，这种蜥蜴的下巴上也长着一片彩色的喉褶。其颜色和大小因种类不同而不同。

科莫多巨蜥

地球上最重的蜥蜴。这些庞然大物可以吞食大型猎物，比如鹿和猪。它们有着锋利的爪子和牙齿，以及毒腺。这种巨蜥只存在于印度尼西亚的一些小岛上。

婆罗洲头角蜥

这种蜥蜴只在婆罗洲岛上才能找到。它们的背脊上长着一排刺，尾巴的长度是身体的两倍。

大壁虎

这种长着花纹的壁虎在东南亚很常见，人们经常可以在家中发现它们。

白唇树蜥

这种蜥蜴生活在树上。雄性和雌性在交配期都会变成亮蓝色。

很多蜥蜴都会变色。蜥蜴变色的原因多种多样，包括相互交流、吸引交配对象，以及改变温度。变色龙，例如图中这只印度变色龙，可以通过调节皮肤表面的微小晶体，改变光的折射角度来变色。

科学家发现，壁虎的脚上长有细小的刚毛和吸盘，可以帮助它们吸附在物体表面。它们能爬在墙上，能吸在天花板上，甚至能爬上窗户。

蜥蜴小百科

所有蜥蜴都属于爬行动物，因此它们靠肺部呼吸，并且有脊柱。有些蜥蜴生活在树上，有些则喜欢荒漠的岩石地面；还有一些生活在离人类很近的地方，在花园甚至在家里都能发现它们的踪影。蜥蜴是冷血动物，它们自身无法调节体温，所以需要跑到阳光下取暖。

树上生活

红毛猩猩生活在东南亚苏门答腊和婆罗洲的森林中。它们浑身上下长满了长长的、蓬松的橘红色毛皮。它们性格温顺，大部分时间都待在树上，用极长的手臂和腿抓住树枝，在树林里荡来荡去。

猿、猴和人都是灵长目动物。

苏门答腊的红毛猩猩面部的毛发比其他猩猩长。

婆罗洲猩猩 学名：*Pongo pygmaeus*
苏门答腊猩猩 学名：*Pongo abelii*
达班努里猩猩 学名：*Pongo tapanuliensis*
来自人类的威胁： 栖息地丧失（采伐），非法狩猎和宠物交易
受胁等级： 极危

它们是群居动物吗？

红毛猩猩不属于群居的灵长目动物。除了在求偶期间或者养育幼崽期间，它们通常独自生活。

幼崽和妈妈在一起生活多久？

红毛猩猩幼崽在出生后的 7 ~ 8 年内都是和妈妈一起生活的。对动物而言，这是相当长的一段时间。在此期间，妈妈会教给孩子生存所需的一切技能，包括吃什么，如何寻找食物，以及如何照顾自己。

它们吃什么？

红毛猩猩是杂食动物，它们主要吃水果和树叶，还有昆虫和一些奇怪的食物，比如土壤和树皮。

属于红毛猩猩母子的时间

1 猩猩妈妈搂住小猩猩，小猩猩也紧紧抱住妈妈。妈妈用自己长长的手臂去够树枝。

2 小猩猩渐渐长大，开始学着自己在树上悠荡。如果它的手臂不够长，够不到树枝，妈妈就会把树枝压弯，为它在树木间搭桥。

扫码看视频

3 猩猩妈妈在吃树枝里的白蚁，小猩猩只要观察妈妈的一举一动，就知道自己该怎么做了。

4 听！那是什么声音？小猩猩要学会聆听和辨认森林里的各种声音。

5 夜幕降临，猩猩妈妈会搭一个窝来睡觉。小猩猩在长大后，也会有能够自己搭窝睡觉的那一天。

这是一只婆罗洲猩猩，与苏门答腊猩猩相比，婆罗洲猩猩在地面上活动的时间更长。

特征： 浑身长满蓬松的橘红色毛皮，体形硕大，胳膊很长，这些特征使得红毛猩猩很容易辨认。虽然身上长满毛发，但它们的脸、脚和手掌上并没有毛。成年的雌性和雄性红毛猩猩看起来不太一样。雄性的个头更大，脸颊两侧长着大而扁平的肉垫。雄性红毛猩猩脸部的肉垫是随着年龄的增长而逐渐增大的，因此年幼的雄性看上去和成年雌性红毛猩猩很像。

红毛猩猩的个头有多大？

它们是地球上所有树栖动物中体形最大的。雄性红毛猩猩身高超过 1.4 米，雌性红毛猩猩身高达到 1.15 米左右。最大的雄性红毛猩猩体重可达 90 千克。

它们的胳膊为什么那么长？

长长的胳膊可以帮助它们抓到树枝，以便在树林中穿行。发达的肌肉和钩状的手形可以帮助它们抓握和摇荡。一只成年雄性红毛猩猩的臂展可达 2 米甚至更长。

它们多久产一次崽？

雌性红毛猩猩大约每七年才产一次崽。这个周期比其他哺乳动物都长。这意味着相比于其他物种，红毛猩猩一生中生育的幼崽相当少。

脸颊上长着大大的肉垫。

大危机

森林是红毛猩猩赖以生存的家园，它们在森林中觅食、栖身、寻求庇护。它们在树上待的时间比在地面上的更长。然而，红毛猩猩的大部分栖息地遭到了人类的乱砍滥伐，此外非法狩猎也导致红毛猩猩的数量急剧下降。红毛猩猩正面临着灭绝的严重危机。

红毛猩猩非常聪明，它们把树枝盖在头上，以此当作雨伞。

它们吃完浆果，会把剩下的果核播撒在很大的一片区域内。

被破坏的栖息地

为了种植油棕榈树等新型农作物，人们毁掉了大片雨林。棕榈树产出的棕榈油可以给农民带来相当可观的收入。然而，种植单一的农作物会破坏当地的植被，也使依赖这些植被生存的昆虫、鸟类和其他动物遭受灭顶之灾。

● "红毛猩猩"这个名字源自马来语,意思是"森林里的人"。

● 自 20 世纪中期以来,婆罗洲的红毛猩猩数量已经减少了超过一半。

● 由于人类采矿和伐木,大部分森林被破坏殆尽。有时,森林被大火烧毁,红毛猩猩因无法逃离而葬身火海。

海象属于鳍足类动物，和海狮是近亲。

冰雪生活

独特的长牙、庞大的身躯、厚厚的皮肤和长着胡须的脸——拥有这些特征的海象是一种绝不会被认错的生物。它们成群结队地生活，发出各种的吼声和粗重的鼻息声，非常嘈杂。海象有两种：大西洋海象和太平洋海象。太平洋海象生活在俄罗斯和阿拉斯加周围冰冷的海洋中。太平洋海象的数量比大西洋海象的数量多得多。

什么是鳍足类动物？

鳍足类动物主要有三种：海象、海狮和海豹。它们都是哺乳动物，大部分时间生活在水里，长有鳍状的四肢。

它们有多大？

雄性海象的体重可超过 1000 千克，体长 2.5 ~ 3.5 米。雌性海象的体形通常比雄性海象小一些。

所有海象都有长牙吗？

是的，只要它们长到足够大。雄性和雌性海象都会长象牙，只不过雄性海象的象牙更大。海象的长牙实际上是超大的犬齿，而且终其一生都在不断生长。

为什么它们的皮肤凹凸不平？

成年雄性海象脖子上的皮肤较厚，且布满凸起。这些凸起在打斗时可以起到保护作用。雄性海象常常为了争取繁殖的权利而争斗，年长的雄性海象身上可能会布满打斗留下的伤口和疤痕。

特征： 除雄性象海豹外，这些体形庞大的海象是最大的鳍足类动物之一。海象的皮肤很厚，且皮下有一层厚厚的脂肪，可以帮助它们抵御严寒。在冰冷的海水中，海象的皮肤呈灰白色，而当它们来到陆地上，皮肤晾干后就变成了棕红色。海象口鼻部位的胡须可以帮助它们在昏暗的海床上探触，寻找食物。

海象

学名： *Odobenus rosmarus*

分布： 北极

食物： 贝类，包括蛤蜊和贻贝

天敌： 虎鲸和北极熊

来自人类的威胁： 栖息地丧失（海冰消融），石油和天然气的开采

受胁等级： 易危

"牙齿行者"

海象的学名意思是"用牙齿行走的海马",因为它们用长牙把自己从水中拖出来,并拖拽着自己的身体穿行于陆地。象牙还能帮助它们凿冰挖洞和打斗。海象的象牙可以长到1米长。

拥挤不堪

海冰的不断消融迫使越来越多的海象聚集到陆地上。有时候,由于聚集的海象过多,有些海象甚至会被挤死;还有一些海象因爬到高处而掉下来摔死。

尽管个头很大,而且全副武装,但海象仍需远离北极熊。

海象宝宝出生后不久就会游泳。

你知道吗？

● 在一年中的大部分时间里，太平洋海象都在北冰洋觅食。

● 太平洋海象需要离开海水上岸休息。有时它们会在海冰上休息，有时它们则在类似图中的海滩上休息。

● 这里大约有 100 000 头海象，世界上几乎所有的太平洋海象都聚集于此。

俄罗斯巨兽

俄罗斯的堪察加半岛有很多令人叹为观止的风景和神奇的动物。亚洲的这一区域有很多活火山、间歇泉、温泉和泥泉。在这里，不仅可以看到狼獾和老鹰，还能看到被称为堪察加棕熊的巨熊出没。

扫码看视频

巨熊

生活在堪察加半岛的巨熊是一种棕熊。棕熊体格强壮，奔跑速度很快；它们能够捕食其他动物，或者吃腐肉（动物尸体上的肉）。此外，它们也吃很多坚果、水果、树根和树叶。在冬季最寒冷的几个月里，它们会挖一个洞穴，躲在里面冬眠，直到春天来临。

堪察加半岛的威利坎间歇泉每 2 ~ 3 小时喷发一次，喷出的泉水可高达 40 米。

熊类图鉴

亚洲有很多不同种类的熊，其中一些种类的熊在欧洲也可以看到，还有一些种类的熊生活在北美洲和南美洲。棕熊的亚种分布在世界各地，北美棕熊有时被称为灰熊。生活在阿拉斯湾加科迪亚克岛上的棕熊是世界上最大的几种熊之一。

棕熊

这种巨大的熊是世界上分布最广泛的熊。它们生活在亚洲、欧洲和北美洲。

大熊猫

这种独特的黑白相间的熊只生活在中国的少数山区。它们每天吃竹子要花费大约 12 个小时的时间。

马来熊

它们是熊家族中体形最小的成员，生活在中国和东南亚地区。这种熊在夜晚出来活动，以水果、蜂蜜和昆虫等为食。

北极熊

北极熊生活在北极地区——跨越格陵兰岛、挪威、俄罗斯、阿拉斯加和加拿大。它们是体形最大的几种熊之一。

懒熊

这种熊长着蓬松的长毛，吃白蚁和蚂蚁，生活在南亚的森林里。

黑熊

黑熊有两种。一种生活在北美洲，而另一种是亚洲黑熊，生活在中国和东南亚的一些国家。

眼镜熊

这是南美洲安第斯山脉的一种小熊。它们的眼睛周围长有白圈，因此而得名。

吃吃睡睡

熊一年里的生活围绕着吃和睡觉两件事展开。棕熊在黄昏和黎明时分最活跃，它们在这两段时间会四处游荡，寻找食物。它们非常依赖嗅觉。一只棕熊的鼻子可以闻到几千米外的美味。

棕熊用后腿直立起来，以便向远处张望和闻气味。

棕熊

学名：*Ursos arctos*

来自人类的威胁：栖息地丧失（采矿和修路）、偷猎

受胁等级：无危（全球范围内），在某些区域数量减少

熊会爬树吗？

棕熊幼崽身手敏捷，会通过爬树来寻找食物和藏身之处。而更大、更重的成年棕熊爬起树来就比较困难了。

熊为什么要冬眠？

冬眠可以帮助熊度过食物匮乏的季节。首先，它们会吃饱喝足，尽可能储存脂肪，增加体重，然后它们可以不吃不喝地睡上几个月。

熊妈妈产几只幼崽？

熊妈妈一次产下的幼崽被称为一窝，一窝棕熊幼崽通常有2～3只。

熊的生活剪影

 夏季是捕食的好季节！现在我得多吃点儿，长得重些才好过冬。

 天气越来越冷了，我已经准备好了过冬的洞穴。这会儿，就让我躺在雪坡上放松一下吧。

 冬天来了，我该藏起来啦！接下来我要睡上几个月。

 我的宝宝在洞穴里出生了。刚出生的幼崽很小，它们得快快长大，这样我们才能在春天来临的时候一起走出洞穴。

 我们终于可以一起外出探险啦！现在我要教孩子们如何寻找食物和捕猎。

注：除了北美洲的棕熊，堪察加的棕熊也会捕食鲑鱼。

狡猾的伪装

这种毒蛇的秘密武器是它的尾巴，其末端长有看上去像蜘蛛腿的鳞片。它来回晃动这些鳞片，以吸引在附近觅食的鸟类。一旦有小鸟靠近，它便果断出击，猛地伸过头去，用大嘴死死咬住还没回过神的小鸟。

伪装大师！

在伊朗卢特沙漠的岩石地带，人们新发现了一种蛇。这是一种非常善于伪装的致命毒蛇，它是毒蛇大家族的一员，长着长而中空的毒牙，因其尾部形似蜘蛛而被称为"蛛尾拟角蝰"。

生死一线！

扫码看视频

1 一只伯劳看到毒蛇的尾巴，被其狡猾的伪装吸引，飞了过来。

2 见猎物上钩，毒蛇迅速出击。

3 鸟儿试图后撤，但它还来得及逃命吗？

蛇类图鉴

锯鳞蝰

这种棕色的小蛇是印度毒性最强的毒蛇之一，在斯里兰卡和巴基斯坦也能找到。它们有时会盘绕成"8"字形，头部居中，随时准备攻击。

眼镜王蛇

这是世界上最毒的毒蛇之一。当它们感受到危险时，脸部周围的皮褶就会伸展开。

缅甸蟒

蛇中的大块头，能长得和电线杆一样粗，长度超过三个人的身高。它们会紧紧缠绕住猎物，直到将其勒死。

马来亚蝮蛇

马来亚蝮蛇有毒，以蜥蜴、鼠类和青蛙为食。

白腹鼠蛇

这种棕色的蛇生活在马来西亚、文莱、印度尼西亚和泰国部分地区的森林里。当被惊扰时，它们的头部和颈部会直立起来，摆出昂首挺立的姿态。

金环蛇

这种蛇身上鲜艳的条纹意味着它们是有毒的。它们生活在南亚的很多国家，经常在村庄和城镇附近出没。

藤蛇／鞭蛇

这种蛇身体极其纤细，头的形状像矛，因此很容易辨认。它们生活在树上，日常捕食鸟类、青蛙和蜥蜴。

拉塞尔蝰蛇

这是一种剧毒类的毒蛇，生活在包括中国和尼泊尔在内的很多国家。这种毒蛇的毒性非常强，可致人死亡。

蛇通过吞吐芯子捕捉气味。它们把芯子顶在上颚处，那里的特殊器官会将信息传递给大脑。

认识蛇类

世界上有大约 3 000 种蛇，其中几百种生活在亚洲。蛇又细又长，而且没有腿。它们的下颌可以张得很大，这样就能吞食比自己头部大得多的猎物。蛇芯子是分叉的，能帮助它们嗅到气味。蛇没有能动的眼皮，所以它们不会眨眼睛。蛇的皮肤由鳞片覆盖，随着生长，蛇会蜕皮。

捕猎方式

蛇捕杀猎物的方式多种多样。网纹蟒一类的蟒蛇攻击猎物时会用身体缠住猎物，然后不断挤压。其他一些蛇则用毒牙将毒液注入猎物体内。蛇不会咀嚼，而是直接吞食整个猎物。

走向消亡的种群

地球上有五种犀牛，苏门答腊犀是其中体形最小的，也是地球上最稀有的动物之一，仅剩几十只。科学家们担心这一物种将会灭绝，因为这个种群里的个体分布过于分散，导致它们难以繁衍后代。

现在，这头犀牛在围栏内生活，以确保安全。

犀牛角有多大？

苏门答腊犀的前角比后角要长，能长到 25 厘米左右，不过也有更长的。而犀牛的后角可能只有 10 厘米或者更短，与其说它是一只角，不如说它是一个疙瘩。

它们在夜间活动吗？

它们经常在凉爽的夜晚出来活动和觅食。白天大部分时间，它们会泡在浅泥池里打滚。

它们的听力如何？

它们的听觉非常灵敏，在茂密的丛林中，这比好视力更管用。它们的嗅觉也很敏锐。

它们多久产一次崽？

苏门答腊犀每三到四年才产一次崽，小犀牛会和妈妈一起生活两到三年。

苏门答腊犀

学名： *Dicerorhinus sumatrensis*
分布： 印度尼西亚，主要是苏门答腊岛
食物： 植物
天敌： 没有（尽管老虎和野狗可能会捕杀小犀牛）
来自人类的威胁： 偷猎、狩猎及栖息地丧失
受胁等级： 极危

特征： 苏门答腊犀又被称作多毛犀，因为它身上长有一片片坚硬的深色短毛。这些毛发可以附着泥土，既能防晒，使犀牛保持凉爽，还能防止昆虫叮咬。苏门答腊犀的皮肤呈红褐色，面部长有两只角。成年苏门答腊犀高 1.5 米，体长 3 米，它们的体形仅相当于体形巨大的非洲犀牛的五分之一。如果你坐下来，苏门答腊犀就可以把头靠在你的膝盖上！

你知道吗？

● 除交配期外，苏门答腊犀独自生活。

● 它们擅长游泳，能游过又宽又深的河流！

● 犀牛是有蹄类哺乳动物，每只脚有三个短脚趾。

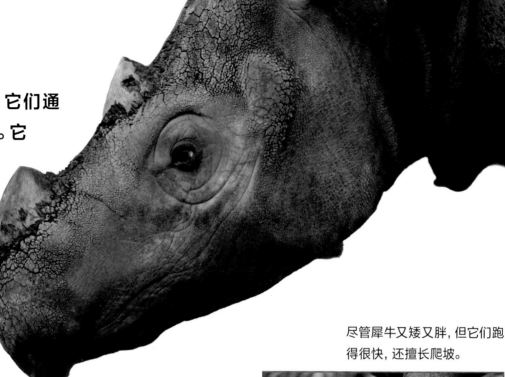

倾听我的声音

　　苏门答腊犀是一种吵闹的动物。它们通过连续不断的叫唤在丛林中进行交流。它们发出的声音包括哀鸣、哨音、鼻息、呼噜和尖叫。这些声音可以帮助雌性犀牛在交配期寻找伴侣。

这是我的家

　　每只成年犀牛都会巡视自己的领地——它觅食和睡觉的区域。它们通过折弯小树和刨土堆的方式来标记自己的领地范围。此外,它们还会把自己的粪便踢到领地各处,表明自己占据了这里。它们通过气味在森林中留下痕迹,向其他犀牛传递信息。

尽管犀牛又矮又胖,但它们跑得很快,还擅长爬坡。

它们最喜欢的食物是树叶、树枝,以及野生栌果、无花果等水果。

人们为了获取犀角而偷猎,并贩卖犀角用于传统医药行业。

温顺的海中大块头

鲸鲨是世界上最大的鱼，尽管它被称为鲸鲨，但它不是鲸，而是鲨鱼。不过，和大多数鲨鱼不同，鲸鲨并不是攻击性很强的捕猎者。它们属于滤食动物——在大海中缓慢遨游时，张开巨大的嘴巴，吞进食物。

鲨鱼是一种鱼，与鳐（yáo）、魟（hóng）同属于软骨鱼纲。

鲸鲨的嘴巴有 1 米多宽！

它们能长多长？

雄性鲸鲨一般比雌性鲸鲨的体形大。有记载的最大的鲸鲨从头到尾长达 20 米。通常，雄性鲸鲨能长到 12 米左右，雌性鲸鲨能长到 9 米左右。

它们吃周围的小鱼吗？

不吃。图中这些小鱼是鲕鱼，常见于鲸鲨等周围。鲕鱼以大鱼的食物残渣和大鱼身上的寄生虫为食。鲕鱼有时被称为"鲨鱼吸盘"，鲕鱼头上的吸盘可以帮助它们吸附在宿主的身上。

鲸鲨的觅食之旅

扫码看视频

我饿了。

是时候去寻找食物了。

游啊，游啊……

那里有好吃的。

我来了，美食！

张开我的大嘴……

啊呜，啊呜……我吃上几大口，能管饱好一阵子呢。

进食方式

　　鲸鲨进食的方式多种多样。有时候，它们张着嘴往前游，边游边吃；有时候，它们的嘴巴一张一合，吸入食物，随后再通过鳃把海水排出体外。

鲸鲨

学名： *Rhincodon typus*

分布： 热带海洋

食物： 浮游生物、小鱼和小虾

天敌： 没有（尽管蓝枪鱼和大青鲨会吃掉小鲸鲨）

来自人类的威胁： 捕鱼、污染、栖息地丧失和气候变化

受胁等级： 濒危

什么是浮游生物？

鲸鲨以极其大量的微小生物为食。有些微小生物被称作浮游动物，一般包括磷虾、鱼卵、幼蟹、水母和桡足类。还有一些植物类的浮游生物，被称为浮游植物。

鳃是什么？

鳃是鲨鱼头部两侧的狭长裂缝。它能够过滤水，让鲨鱼得以呼吸。

鲸鲨有牙齿吗？

有，而且多达几千颗！但鲸鲨进食的时候不需要牙齿。科学家发现，鲸鲨的大嘴前部长着一排一排的小牙齿，但这些牙齿并不用于啃咬或咀嚼。

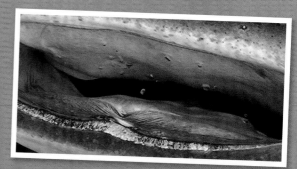

超级大鲨鱼

　　虽然鲸鲨因其体形巨大而得名，但它们具备鲨鱼的典型特征。它们在水里游动时，身体和尾巴左右摆动，从而推动海水。然而，鲸鲨头部的形状和大多数其他鲨鱼不同，并且鲸鲨的大嘴巴长在头部前方而不是下方。

鲨鱼骨架

　　鱼和人一样，也有一副由骨头组成的骨架。鲨鱼的骨架由软骨（类似人类鼻子的坚硬部分）构成。软骨结实但又柔韧轻盈，有助于鲨鱼保持浮力，并在水中快速转弯。

鲸鲨尾巴上的鳍被称为尾鳍，是垂直的（不同于鲸的尾叶）。

鲸鲨宝宝

有些鲨鱼是卵生的，而另一些是胎生的。鲸鲨则结合了这两种方式：卵在母体内孕育、孵化，因此鲸鲨宝宝出生时俨然是父母的迷你版。

独特的斑纹

每条鲸鲨身上的斑纹都是独特的，就像人类的指纹。科学家发现，可以利用斑纹区分鲸鲨。

皮肤并不光滑

鲨鱼的皮肤在水中看似很光滑，但如果逆着摸，就会发现它其实是粗糙的。鲨鱼的皮肤上布满了小齿状突起。这些突起全都朝向后方，这使得鲨鱼呈现出流线型，在水中游得更快。

亚洲之困

　　世界第一大洲正在经历天翻地覆的变化，这些变化与这里的动物及它们的栖息地尤为相关。大片的丛林被毁，在过去的四十年里，东南亚美丽的森林已有三分之一因人类对食材和木材的需求而遭到砍伐。亚洲正以前所未有的速度发生变化，很多壮丽的风景消失不见，留下野生动植物挣扎求生。

　　我们期待，人类对于自然规律的不断了解能够促使大家珍惜、爱护这些宝贵的栖息地和生活在这里的动物们。

● 90% 的自然灾害，如干旱、洪水，都与水相关。

风险名录

世界自然保护联盟(IUCN)《受胁物种红色名录》收录了全球动物、植物和真菌的相关信息，并对每个物种的灭绝风险进行了评估。该名录由数千名专家共同编写，将物种的受胁水平分为七个等级——从无危（没有灭绝风险）到灭绝（最后一个个体已经死亡），名录中的每一个物种都被归入一个等级。

无危　近危　易危　濒危　极危　野外灭绝　灭绝

地球上野生动植物面临的最大威胁来自人类。随着人口数量的增长，人类占据了越来越多的空间，留给野生动植物的生存空间越来越少。

栖息地的丧失主要是由人类活动造成的，这些活动包括农耕、伐木、建筑和采矿。《受胁物种红色名录》中 85% 的物种都受到这些活动的威胁。

野生动植物遭受的其他威胁包括：污染、疾病传播、狩猎和捕鱼。

偷猎者为了获取动物身体的某些部位而将其捕杀。他们贩卖动物的骨头、牙齿、皮肤和其他部位，用于传统医药。亚洲森林里的生物正在走向消亡。

● **全世界有超过 38 500 个物种面临着灭绝的危险。**

认识熊猫

● 大熊猫是一种仅存于中国山区的熊。它的主要食物是竹子。

● 大熊猫被归为易危动物，野生大熊猫可能仅存约1 800只。

● 小熊猫和大熊猫是远亲。它们都吃竹子，都生活在中国，都曾受到偷猎和栖息地丧失的威胁。

动物危机

　　亚洲一些最为人所熟知的动物正面临着生存威胁。老虎、猩猩、亚洲象、犀牛、雪豹、北极熊、野骆驼、河豚和几种长臂猿的处境都很危险。还有一些不为人所熟知的动物，比如马来貘（mò）、亚洲黑熊、亚洲豺、毛鹿豚、亚洲狮和眼镜猴，也是如此。像这样面临生存危机的动物还有很多，这里列举的只是其中一小部分。所有这些动物都面临被捕杀、偷猎，或者领地被不断压缩的危机，导致它们越来越难找到食物和栖身之地。

东南亚的马来穿山甲属于极危动物。在全球范围内，全部的八种穿山甲都受到生存威胁。人们为了获取穿山甲的肉、鳞甲和皮而将它们捕杀。

野生的苏门答腊虎只剩下约 400 只。

世界自然保护联盟《受胁物种红色名录》收录了九种蜂猴，它们全部属于易危、濒危或极危级别。

名词解释

间歇泉 多发生于火山运动活跃区域的间断喷发的温泉。

卵生 在母体外，靠自身所含有的营养物质发育成为新个体的生殖方式。

泥泉 泥火山活动时，喷出物主要是黏泥的泉。

软骨 由软骨细胞、基质及其周围的软骨膜构成的器官。

胎生 在母体子宫内发育，并由母体供应营养发育成为新个体的生殖方式。

尾叶 鲸类尾端一个水平的叶，是鲸类的主要运动器官。

棕榈油 从油棕树结出的成熟棕果果肉中榨取的植物油。